BEI GRIN MACHT SICH IHR WISSEN BEZAHLT

AF131364

- Wir veröffentlichen Ihre Hausarbeit,
  Bachelor- und Masterarbeit

- Ihr eigenes eBook und Buch -
  weltweit in allen wichtigen Shops

- Verdienen Sie an jedem Verkauf

Jetzt bei www.GRIN.com hochladen und kostenlos publizieren

Chiara Braatz

Die Essstörung Bulimie

GRIN Verlag

Bibliografische Information der Deutschen Nationalbibliothek:

Die Deutsche Bibliothek verzeichnet diese Publikation in der Deutschen National-
bibliografie; detaillierte bibliografische Daten sind im Internet über http://dnb.d-
nb.de/ abrufbar.

Impressum:

Copyright © 2013 GRIN Verlag GmbH
Druck und Bindung: Books on Demand GmbH, Norderstedt Germany
ISBN: 978-3-656-53062-6

Dieses Buch bei GRIN:

http://www.grin.com/de/e-book/263830/die-essstoerung-bulimie

GRIN - Your knowledge has value

Der GRIN Verlag publiziert seit 1998 wissenschaftliche Arbeiten von Studenten, Hochschullehrern und anderen Akademikern als eBook und gedrucktes Buch. Die Verlagswebsite www.grin.com ist die ideale Plattform zur Veröffentlichung von Hausarbeiten, Abschlussarbeiten, wissenschaftlichen Aufsätzen, Dissertationen und Fachbüchern.

Besuchen Sie uns im Internet:

http://www.grin.com/

http://www.facebook.com/grincom

http://www.twitter.com/grin_com

Inhaltsverzeichnis

1 Einleitung/Vorwort

Diese Facharbeit in Pädagogik beschäftigt sich mit der Essstörung Bulimie. Hierbei beschäftige ich mich mit der Idee hinter dem systemischen Denken und dem Krankheitsverständnis aus systemischer Sicht und welche Therapiemöglichkeiten sich daraus zur Behandlung des bulimischen Verhaltens ergeben. Gewählt habe ich dieses Thema, da Essstörungen (in verschiedenen Varianten) heutzutage leider keine Seltenheit mehr sind. Ob durch Medien oder den privaten Alltag – man wird mit diesem Thema unvermeidlich konfrontiert. Gerade als junges Mädchen ist einem sein Aussehen nicht unwichtig und man macht sich oft Gedanken darüber, ob man selbst dem modernen Schönheitsideal entspricht, und wie dieses überhaupt aussieht. Aber was nun die tatsächlichen Auslöser für ein Eintreten der Bulimie sind und vor allem, wie diese geheilt werden kann, ist eine Thematik, mit der ich mich auseinander setzen wollte. Dass sowohl Bulimie, als auch andere Essstörungen nicht einfach nur ein „Trend", sondern ernstzunehmend sind, sollte auf gar keinen Fall außer Acht gelassen werden. Zu Beginn dieser Facharbeit möchte ich das Störungsbild der Bulimie genauer erklären und hierbei auch beschreiben, bei welchen Personengruppen eine höhere Gefährdung besteht und wie häufig diese Essstörung heute ungefähr vorkommt. Danach werde ich die Ursachen näher betrachten, bei denen Familienbild, äußere Einflüsse, Selbstbild und auch das Schönheitsideal eine wichtige Rolle spielen. Hier ist das systemische Krankheitsverständnis bedeutend. Auch die körperlichen und psychischen Symptome werden genauer untersucht. Der Schwerpunkt dieser Facharbeit liegt jedoch vor allem auf der Therapie der Bulimie. Zunächst werde ich versuchen die Grundgedanken hinter dem systemischen Krankheitsverständnis und dem daraus folgenden systemischen Psychotherapieverfahren zu beschreiben. Wie die systemische Therapie bei Bulimie aussieht und welche Ziele dabei vor allem verfolgt werden, möchte ich versuchen zu erklären. Auch durch welche Schritte diese Ziele verwirklicht werden sollen, möchte ich zusammenfassen.

2 Essstörung Bulimie

2.1 Definition „Bulimie"

Die Ess-Brechsucht bzw. Bulimie (vollständig: *Bulimia Nervosa*) ist eine Essstörung, welche aus sich abwechselnden „Heißhungerattacken" und Phasen des Erbrechens/ Einnehmen von Abführmitteln besteht. Durch das Erbrechen bzw. den Gebrauch der Abführmittel soll der übermäßige Lebensmittelverzehr, welcher während der Essanfälle stattfindet, wieder rückgängig gemacht werden. Ein wichtiges Merkmal ist, dass Betroffene während der Hungerattacken ihr Essverhalten nicht mehr im Griff zu haben scheinen. Das Gewicht verändert sich hierdurch nicht zwingend und bleibt oft normal. Von Bulimie wird gesprochen, wenn in einem Zeitraum von etwa drei Monaten mindestens zweimal pro Woche Ess-Brech-Anfälle zu verzeichnen sind.[1]

2.2 Häufigkeit

International wird das Vorkommen der Bulimie auf etwa 2 bis 4 Prozent der Normalbevölkerung geschätzt. In Deutschland konnten durch verschiedene Untersuchungen Häufigkeiten von 0,7 bis 1,3 Prozent festgestellt werden. Im Vergleich zur *Anorexia Nervosa* bzw. Magersucht, ist die Häufigkeit der Bulimie in der Normalbevölkerung höher. Größtenteils leiden Frauen unter Bulimie. Die Geschlechterverteilung unter den Betroffenen stimmt hierbei ungefähr mit der Anorexie überein (Frauen zu Männer: ca. 12:1).[2]

2.3 Gefährdete Personengruppen

In der Mehrzahl sind von Bulimie (und auch von der Anorexie) eher junge Frauen betroffen, daher wird diese Essstörung meist als typische *Mädchenkrankheit* angesehen. Allerdings können auch männliche Personen gefährdet sein. Hier ist die Störung dann oftmals sogar stärker ausgeprägt. Häufig tritt die Krankheit in der Altersgruppe von 18-20 Jahren erstmals auf - also erst gegen Ende des Jugendalters, da Bewährungsdruck, vor allem während der Verselbstständigungsphase in vielen

---

1 Hilfsquelle: Lehrbuch der systemischen Therapie und Beratung II

2 Hilfsquellen: http://medicine-informations.com/html/bulimie.html; BzgA (Bundeszentrale für gesundheitliche Aufklärung) Essstörungen „Leitfaden"

Fällen zu den Auslösefaktoren gehört. Eine Erkrankung vor dem 12. Lebensjahr ist selten.[3]

3 Ursachen der Bulimie

Es gibt verschiedene Faktoren, die zu bulimischen Verhalten führen können. Hierbei spielen sowohl die Familiensituation und äußere/ gesellschaftliche Einflüsse, als auch das Schönheitsideal und das Selbstbild eine große Rolle. Stress, Angst und Überforderung, sowie familiäre, berufliche oder schulische Konflikte sind von Bedeutung. Eine ganz bestimmte Ursache kann jedoch nicht definiert werden . Bulimisches Verhalten ist eine Reaktion, welche von Mensch zu Mensch auf ganz unterschiedliche Umstände und Konflikte folgen kann. An dieser Stelle ist daher wichtig zu erwähnen, dass das **systemische Denken** eine seelische Krankheit bzw. Störung (hier: Bulimie) als ein *Verhaltensmuster* (und *nicht als ein Merkmal* eines Inviduums) betrachtet, welches durch Einflüsse im Umfeld der Person, die das Verhalten aufweist, bedingt wird. (genauere Erklärung ab Punkt 5)[4]

3.1 Familiensituation

Häufig finden sich in der Familie eines Bulimiepatienten offene, sich ständig wiederholende Konflikte, die nicht selten Beziehungsabbrüche innerhalb der Familie auslösen, anstatt gelöst zu werden. Auch Suchtprobleme bzw. Substanzmissbrauch bei anderen Mitgliedern der Familie sind öfter festzustellen. Neigungen zu Depressionen, weitere Essstörungen und Übergewicht können im Familienumfeld auch oftmals gefunden werden (z.B. bei Eltern oder Großeltern). In manchen Fällen lässt sich außerdem Konkurrenzverhalten zwischen Mutter und Tochter feststellen. Anderweitig kann das Familienbild auch von hoher

---

3 Hilfsquellen: http://medicine-informations.com/html/bulimie.html; BzgA (Bundeszentrale für gesundheitliche Aufklärung) Essstörungen „Leitfaden"; Lehrbuch der systemischen Therapie und Beratung 2 – Jochen Schweitzer/ Arist von Schlippe
4 Hilfsquellen: Wie lasse ich meine Bulimie verhungern? - Ein systemischer Ansatz; Lehrbuch der systemischen Therapie und Beratung 2 Jochen Schweiter/ Arist von Schlippe

Leistungsorientierung geprägt sein. Es wird also viel Wert auf äußerliches Erscheinungsbild und finanziellen, als auch leistungsmäßigen Erfolg gelegt. Hier sehnen sich Patienten häufig nach äußerlicher Bestätigung und vergleichen sich ständig mit Personen aus dem Umfeld etc. Wichtige Faktoren, wie Akzeptanz und Trost stehen innerhalb der Familie eher im Hintergrund. Um Konflikte zu bewältigen, kann das Ess-Brech-Verhalten oft als Impulshandlung angesehen werden. Der Wunsch nach Zuwendung und Trost wird scheinbar *autonom* durch das bulimische Verhalten ausgeglichen. Hier tut sich bereits ein Problem bei den Maßnahmen gegen die Bulimie auf: Ein aktiver „Kampf" gegen das bulimische Verhalten würde für die/ den Betroffenen ein Kampf gegen die Autonomie, bzw. der autonomen Konfliktlösung (in diesem Fall ist diese die Bulimie!) bedeuten. (Genauere Erklärung ab Punkt 5) [5]

3.2 Äußere Einflüsse

Aufgrund des Wunsches von seinen Mitmenschen akzeptiert zu werden und den zahlreichen in den Medien/ von der Gesellschaft dargestellten Schönheitsidealen und Lebensstilen sind auch gesellschaftliche Einflüsse von Bedeutung beim Entstehen der Bulimie. Betroffene verspüren den Drang, den sozialen Ansprüchen gerecht zu werden, und werden zusätzlich von dem Schlankheitsideal unter Druck gesetzt. Medien werben mit erfolgreichen *schlanken* Menschen, welche als Vorbilder dienen sollen. Das Umfeld/ äußere Einflüsse sind nach *systemischem Denken* insofern außerdem bedeutend als Ursache, da das bulimische Verhalten einen Zweck in dem *System/* Weltbild (welches auch durch Medien/Gesellschaft mitgestaltet wird) des/ der Patienten/Patientin erfüllt. [6]

3.3 Selbstbild und Schönheitsideal

Oftmals ist das Selbstwertgefühl der Betroffenen stark beeinträchtigt. Dieses soll durch das äußere Erscheinungsbild wieder aufgebaut werden, daher wird viel Wert auf ein gepflegtes, feminines Äußeres gelegt. Hierbei steht ein **übertriebenes Schlankheitsideal** im Vordergrund. Figur und Gewicht werden sehr

---

5 Hilfsquelle: Lehrbuch der systemischen Therapie und Beratung 2 – Jochen Schweitzer/ Arist von Schlippe
6 Hilfsquellen: BzgA (Bundeszentrale für gesundheitliche Aufklärung) Essstörungen „Leitfaden"; http://www.schoen-kliniken.de/ptp/medizin/psyche/essstoerung/bulimie/ursache/; „Wie bekämpfe ich meine Bulimie? - Ein systemischer Ansatz"

hoch gewichtet, sind überbewertet. Das eigene Selbst wird häufig als minderwertig empfunden (aufgrund psychischer Belastungen durch familiäre, schulische/berufliche Konflikte oder auch Probleme innerhalb einer Partnerschaft). Die Denkweise eines Bulimie-Betroffenen ist in vielen Fällen: *Wer schlank ist, der ist schön. Wer schön ist, der wird geliebt.*[7] Das eigene Erscheinungsbild wird jedoch oft als nicht zufriedenstellend eingestuft. Die psychische Verunsicherung soll durch äußere Bestätigung „beseitigt" werden.[8]

4 Symptome

4.1 Körperliche Symptome

Äußerlich kann die Bulimie oft lange verheimlicht werden, da im Gegensatz zur *Anorexie* nicht unbedingt Gewichtsverlust zu den körperlichen Symptomen zählt. Betroffene können zu dem auch an Übergewicht leiden. Häufig jedoch wirken Bulimie-Betroffene zu Anfang nach Außen hin völlig gesund. Beim Erbrechen schädigt der saure Mageninhalt auf Dauer den Zahnschmelz und die Schleimhaut der Speiseröhre / des Rachens. Ebenfalls kann es zur Vergrößerung der Ohrspeicheldrüsen kommen. Verletzungen und Rötungen an den Händen bzw. den Fingern und Knöcheln treten oftmals durch das „Finger-in-den-Hals-Stecken" auf. Auch Magen und Darm werden durch das gestörte Essverhalten belastet/ geschädigt. Es kann zu Verstopfung oder zur Entzündung der Speicheldrüsen kommen. Dadurch, dass der Mineralstoffhaushalt belastet wird, können Herz-Rythmus-Störungen und Nierenschäden auftreten. Dem Körper werden durch Erbrechen und/ oder Missbrauch von Abführmitteln etc. Flüssigkeit und wichtige Nährstoffe entzogen. Sowohl Kreislauf, Stoffwechsel als auch der Hormonhaushalt stehen unter Belastung. Letzteres kann sich durch Ausbleiben der Menstruation äußern.[9]

---

7 Zitat entnommen: http://www.schoen-kliniken.de/ptp/medizin/psyche/essstoerung/bulimie/ursache/;
8 Hilfsquelle: http://www.schoen-kliniken.de/ptp/medizin/psyche/essstoerung/bulimie/ursache/
9 Hilfsquellen: Lehrbuch der systemischen Therapie und Beratung 2 – Jochen Schweitzer/ Arist von Schlippe; BzgA (Bundeszentrale für gesundheitliche Aufklärung) Essstörungen „Leitfaden"

4.2 Psychische Symptome

Betroffene befinden sich in einem Kreislauf aus sich abwechselnden Hunger- und „Fress"-Phasen, welche durch Erbrechen und Missbrauch von Abführmitteln rückgängig gemacht werden sollen. Außerhalb dieser „Fressattacken" schränken sich Patienten oft stark ein: Süßigkeiten, warme Mahlzeiten und alles, das als *zu kalorienreich* eingestuft wird, wird gemieden. Diese Einschränkungen lösen die Heißhungeranfälle erneut aus. Eine auffällige Denkweise bei Personen, die sich bulimisch verhalten ist, dass diese versuchen ihr Dasein zu *spalten*, bzw. ihren Verstand (das Ich) vom Körper zu trennen versuchen. Desweiteren gehören Scham- und Schuldgefühle zu den Ess-Brech-Anfällen. (*Ich schäme mich, weil ich esse [...] Ich esse, weil ich mich schäme.*[10]) Diese führen oftmals dazu, dass sich Betroffene zurückziehen und soziale Kontakte vernachlässigen. Die Scham- und Schuldgefühle können sich allerdings auch in sozialen Ängsten äußern. Es besteht eine übermäßige Angst, von Mitmenschen abgelehnt oder abwertend betrachtet zu werden. Sowohl das verminderte Selbstwertgefühl, als auch die Angststörungen und die Schuldgefühle führen oft zu Depressionen und weiterer Abwertung der eigenen Person. Dies reicht bis hin zum Selbsthass. Betroffene neigen zusätzlich dazu, Gefühle zu dramatisieren. Besteht die Essstörung für einen längeren Zeitraum, wird zudem die Wahrnehmung für das Hungergefühl, als auch für das Sättigungsgefühl zunehmend gestört. Dies hängt teils damit zusammen, dass unbewusst zwischen *Ich* und *Körper* unterschieden wird. Auch begleitende Zwangsstörungen (z.B. Kontroll- oder Waschzwänge) können zu den seelischen Symptomen gehören, sowie impulsives Verhalten in Form von Substanzmissbrauch, unkontrollierten Geldausgaben oder Selbstverletzung. Ebenfalls kann sich die Bulimie durch verringerte Konzentrations- und Leistungsfähigkeit bemerkbar machen, was auf den Mangel an Kalorien und Nährstoffen zurück zu führen ist. Während eines Essanfalls haben Betroffene das Gefühl, ihr Essverhalten nicht mehr kontrollieren zu können. Ebenfalls besteht eine übertriebene Angst davor, Gewicht zuzunehmen.[11]

---

10 Zitat: Lehrbuch der systemischen Therapie und Beratung 2 – Jochen Schweitzer/ Arist von Schlippe, S. 183
11 Hilfsquellen: BzgA (Bundeszentrale für gesundheitliche Aufklärung) Essstörungen „Leitfaden"; Lehrbuch der systemischen Therapie und Beratung 2 – Arist von Schlippe/ Jochen Schweitzer; „Wie bekämpfe ich meine Bulimie? - Ein systemischer Ansatz"

5 Therapiemöglichkeiten

5.1 Erklärung der systemischen Therapie nach Schlippe

Es gibt verschiedene Anwendungsbereiche für die systemische Therapie und demnach zahlreiche Konzepte und Modelle. Je nach Anwendungsbereich variiert die systemische Therapie. Systemtherapeutische Methoden basieren auf sozialen Systemen (Beziehungen und Interaktion). Das Psychotherapieverfahren aus systemischer Sicht zur Behandlung von Krankheiten orientiert sich also nicht hauptsächlich an den Störungsbildern, sondern sieht diese als Teil schwer zu überwindender Lebenslagen und zwischenmenschlicher Beziehungen. Die Krankheit wird nicht als Merkmal einer einzelnen Person betrachtet - sie wird als Teil der *erlebten Interaktion* gesehen. Diese für eine Krankheit bedeutenden Interaktionen können auf verschiedenen Ebenen stattfinden. Das systemische Denken unterscheidet unter *biologischen* (körperliche Prozesse), *psychischen* (Gedanken und Gefühle) und *sozialen* (Kommunikation im **sozialen System**) Ebenen. Zur Behandlung seelischer Erkrankungen steht bei der systemischen Therapie Kommunikation im Vordergrund. Dies kann Kommunikation zwischen Therapeut und Patient sein, jedoch kann die systemische Therapie auch als Mehrpersonen- oder als Familientherapie stattfinden. Letztendlich ist bedeutend, dass seelische Erkrankungen als Ergebnis sozialen Aushandelns (Interaktion) betrachtet werden. Es wird untersucht, wie Verhaltensweisen sich gegenseitig bedingen und wie ein *Problemsystem* aufgebaut ist (*„Wer gestaltet es in Sprache und Handeln mit?"* - Anderson et al. 1986)[12] Dies bedeutet also, dass ein krankhaftes Verhaltensmuster eine Reaktion auf etwas ist. Ein Element oder mehrere Elemente in dem Alltag/Weltbild (-*Systeme*) des Individuums, welches eine seelische Erkrankung aufweist, muss/müssen so beeinflusst werden, dass das „krankhafte" Handeln (bei Verhaltensstörungen z.B.) durch ein anderes Verhaltensmuster abgelöst werden kann. [13]

---

12 Zitat aus „Entwicklung, Sozialisation und Identität" - Kursthemen Erziehungswissenschaft, Seite 60

13 Hilfsquellen: Lehrbuch der systemischen Therapie und Beratung 1 und 2 – Arist von Schlippe/ Jochen Schweizer; „Entwicklung, Sozialisation und Identität" - Kursthemen Erziehungswissenschaft; „Wie bekämpfe ich meine Bulimie?- Ein systemischer Ansatz"

5.2 Systemische Therapie bei Bulimie

In der Regel begrenzt sich die Anzahl der Therapiesitzungen auf 1-15 Sitzungen, zwischen welchen jedoch größere Abstände liegen können. Die systemische Bulimie-Therapie ist zunächst häufig Einzeltherapie, da sie in vielen Fällen äußerlich nicht sichtbar ist, und daher lange verheimlicht werden kann/ wird. Entscheidet sich ein Betroffener jemandem seine Krankheit zu „beichten", so werden Vertrauensperson(en) oft im Freundeskreis gesucht. Aufgrund dessen sind bei einer systemischen Mehrpersonen-Therapie oft sich abwechselnde Konstellationen von verschiedenen Personen des Freundeskreises anwesend und nicht zwingend Eltern und Kinder.

Bedeutend während der systemischen Bulimie-Therapie sind Metagespräche über die therapeutische Beziehung und die Therapiegespräche, um zu vermeiden, dass eine/ein Bulimie-Patientin/Patient unangenehme Geschehnisse und Rückfälle verschweigt. Dies kann geschehen, da Betroffene oft den Ansprüchen ihres sozialen Umfeldes gerecht werden wollen und sich aufgrund ihrer Verunsicherung vor Ablehnung und Beziehungsabbrüchen (auch bei therapeutischen Beziehungen!) fürchten. Desweiteren ist ein Erfolg der Therapie abhängig von der Beziehung zwischen Therapeut und Patient – hier gibt es eine Wechselwirkung: Die Eindrücke, die der Patient/die Patientin vermittelt, beeinflussen das Verhalten/ Wahrnehmung und die Vorgehensweise des Therapeuten. Die Eindrücke, die der Therapeut vermittelt, beeinflussen Verhalten (auch während der Therapiesitzungen), Wahrnehmung etc. des Patienten.

Da das Krankheitsverständnis des systemischen Denkens darauf zurückgreift, dass das krankhafte Verhalten einen Zweck für die/den Betroffene(n) erfüllt und von Abläufen im Umfeld bzw. anderen Verhaltensmustern (= *Problemsystem*) bedingt wird, ist es grundlegend für die Therapie herauszufinden, welche Aufgabe die Störung – also die Bulimie – in dem System des/der Betroffenen erfüllt. Trotz des Leides, welches sich durch das bulimische Verhalten zugefügt wird, scheint es einen Nutzen zu geben. Es wird jedoch davon ausgegangen, dass die Person über die Fähigkeiten verfügt, die Bulimie hinter sich zu lassen. Dies bedeutet, dass beispielsweise nicht gelernt werden muss, wie man sich geregelt ernährt. Die Betroffene/ Der Betroffene war bereits in der Kindheit in der Lage auf die

9

Bedürfnisse des Körpers zu achten. Daher beschäftigen sich die Therapiegespräche viel mehr mit der Suche nach dem/den Konflikt(en), der/die durch das bulimische Verhalten autonom ausgeglichen bzw. gelöst werden soll(en). Eine damit verbundene Problematik ist, dass Patienten ihre Autonomie unbewusst gefährdet sehen könnten, da das bulimische Verhalten ein Mittel darstellt, um Stress/Konflikte etc. selbstständig zu bewältigen.

„Heilung ist stets Selbstheilung, und Krankheit ist stets der Versuch der Selbstheilung" - Fritz. B. Simon[14]

Die Aufgabe der Therapie liegt darin, dass das individuelle Weltbild der Patientin/des Patiententen, welches durch Erfahrungen, (soziale) Interaktionen usw. entsteht, zu verstehen und berücksichtigen. Dieses soll so beeinflusst werden, dass auf die Bulimie nicht mehr zurückgegriffen werden muss. Das Weltbild soll insofern neu konstruiert werden, dass das bulimische Verhalten nicht mehr gebraucht wird und stattdessen die Entwicklung zum gesunden Essverhalten eintreten kann. Dementsprechend werden Beziehungen innerhalb der Familie/ Partnerschaft/ Freunde etc. des Patienten/Patientin in Betracht gezogen, um Konflikte zu entdecken und bestmöglich zu bewältigen. [15]

5.2.1   Therapieinhalte

Es gibt verschiedene Beratungspunkte, die in der eher gering gehaltenen Zahl der Therapiegespräche behandelt werden. Zunächst wird sich ein übersichtlicher Einblick in das Leben der Betroffenen/ des Betroffenen verschafft. Beziehungsmuster und Veränderungen werden überprüft.

Inwiefern die Bulimie als *Freundin* und nicht unbedingt als *Feindin* gesehen werden kann, ist eine bedeutende Thematik während der Gespräche. Das Positive, welches die Bulimie im Leben der Betroffenen/ des Betroffenen auslöst und welche Aufgaben sie übernimmt, wird eingehend besprochen. Dies ist wichtig, da das bulimische Verhalten zum Alltag der/des Patiententin/Patienten gehört und somit einen Bestandteil der Person bildet. Die positiven Seiten der Bulimie zu erkennen ist

---

14 Zitat entnommen aus: „Wie lasse ich meine Bulimie verhungern? Ein systemischer Ansatz", Seite 40
15 Hilfsquellen: Lehrbuch der systemischen Therapie und Beratung 2; Wie lasse ich meine Bulimie verhungern?

hilfreich, um die Akzeptanz und Wertschätzung zur eigenen Person zu unterstützen.

Auch das *Formulieren von positiven Zielen* gehört zu den Therapieinhalten. Anstatt nur über das zu sprechen, das die/den Betroffene(n) stört, werden auch mögliche positive Lebenswege dargestellt, die das Ess-Brech-Verhalten in Zukunft ersetzen könnten.

Es wird vorausgesetzt, dass die Patienten eigentlich über die Fähigkeiten verfügen geregelt zu essen. Daher werden mögliche Gründe für Unterbrechungsphasen während der Bulimie gesucht. Auch was dazu führte, dass die Ess-Brech-Anfälle wieder auftraten, wird geklärt. Hier wird den Betroffenen auch gezeigt, dass sie die Mittel besitzen, um eine geregelte Ernährung an den Tag zu legen.

Dass die Entscheidung getroffen wurde eine Therapie zu beginnen zeigt, dass die/der Betroffene zwar die Bulimie hinter sich lassen will, jedoch der richtige Zeitpunkt noch nicht gegeben ist. Dies beruht erneut auf der Grundannahme, dass die Betroffenen eigentlich in der Lage dazu wären geregelt zu essen. Daher werden mögliche (negative) Fälle gebildet, die eintreten könnten, wenn man die Bulimie plötzlich verschwinden ließe. Hier wird erneut gezeigt, welche positiven Aspekte die Bulimie mit sich bringt und welche Aufgabe sie übernimmt. Dies soll Schritte ermöglichen, nach und nach Kontrolle über das bulimische Verhalten zu erlangen.

Auch soll der/dem Betroffenen verdeutlicht werden, wieso die aktive Suche nach Maßnahmen gegen ihre Störung in der Vergangenheit zu keinen Erfolgen führte, sondern die Lage meist nur verschlimmerte. Hierbei passiert oft, dass sich Patienten/Patientinnen im Alltag hauptsächlich auf ihre Bulimie und Essverhalten konzentrieren, um erneute Anfälle zu vermeiden und sich in den Versuchen sich ihre Krankheit zu erklären weiter abwerten. So geht außerdem der Fokus auf andere wichtige Lebensaspekte verloren.

Desweiteren kann sich eine mögliche **Familientherapie** in drei Phasen unterteilen lassen. In einer *Stabilierungsphase* soll das Essverhalten des/der Betroffenen stabilisiert werden. Hier wird die Familie erst später in die Gespräche einbezogen. In der darauffolgenden *Konfliktbearbeitungsphase* werden die Konflikte und Probleme innerhalb des Familien*systems* in Angriff genommen. In einer letzten *Reifungsphase* soll die geregelte Ernährung weiter unterstützt werden, als auch die

Beziehungen innerhalb der Familie. Auch die Selbstständigkeit bzw. Autonomie der/ des Patientin/Patienten soll weiter gefördert werden. [16]

5.3 Ziele der Therapie

Der Betroffenen/ Dem Betroffenen sollen Anstöße und Möglichkeiten gegeben werden selbstständig Entwicklungsschritte zu machen, die eine Lebensgestaltung ohne das bulimische Verhalten ermöglichen. *„Ein Leben, das nicht mehr zum Kotzen ist."* [17] Auch alternative Lösungswege und Verhaltensmuster, welche nicht zum Erfolg führen können, sollen ausgeschlossen werden. Es sollen positive Ziele gesetzt werden und Schritte zur selbstständigen „Heilung" ermöglicht werden. Das Ganze soll auch stabilisiert und gefestigt werden. Dies bedeutet jedoch auch, dass es nicht darum geht jegliche Probleme der/des Patientin/ Patienten zu beseitigen, sondern darum, dass die Person in der Lage dazu ist, diese eigenständig zu bewältigen und die Sicherheit bekommt, einen geregelten Lebensstil zu finden. Die Bulimie muss demnach nicht komplett bekämpft werden, sondern *kontrolliert*. Hat eine/ein Patient(in) Erkenntnis über die Aufgaben der Störung erlangt und Alternativen gefunden, die diese in Zukungt ersetzen, so kann er die eigene Person mit allen Makeln (einschließlich Bulimie, auf welche **nicht** länger zurückgegriffen wird) wertschätzen.

„Gesund ist nicht derjenige, der keine Probleme hat, sondern derjenige, der in der Lage ist, mit ihnen fertig zu werden." - Nossrat Peseschkian [18]

---

16 Hilfsquellen: Lehrbuch der systemischen Therapie und Beratung 2; Wie bekämpfe ich meine Bulimie?- Ein systmischer Ansatz
17 Zitat entnommen aus: Lehrbuch der systemischen Therapie und Beratung 2, S. 186
18 Zitat entnommen aus: Wie lasse ich meine Bulimie verhungern? - Ein systemischer Ansatz, S. 247

6 Schlusswort/ Fazit

Abschließend kann sich herausstellen lassen, dass die Bulimie dem/ der Betroffenen in der systemischen Psychotherapie nicht nur als Schwäche vorgestellt wird, sondern auch die „positiveren" Aspekte und Funktionen gezeigt werden, um die Selbstakzeptanz und einen Einstieg in einen geregelten Lebensablauf zu ermöglichen. Dass jegliches Verhalten und Charaktereigenschaften eines Individuums einen Bestandteil für ein System, welches durch Erfahrungen, persönliche Wahrnehmungen, Interaktionen und Beziehungen aufgebaut wird, bilden und daher jedes Charaktermerkmal eine bestimmte Ursache/Aufgabe hat und nicht willkürlich entsteht, gehört letztendlich zu den Theorien, aus denen sich das systemische Psychotherapieverfahren teils ableitet.

Für mich persönlich wurde das Bild der Bulimie (und auch anderer Verhaltensstörungen) durch das Betrachten auf systemische Denkweise in ein ganz neues Licht gerückt. Das systemische Bulimie-Therapieverfahren baut auf zahlreichen Grundannahmen auf. Eine davon ist, dass die Bulimie eine ganz besondere Funktion für den/die Betroffenen erfüllt. Sie wird als Bewältigungsstrategie einer konflikt/stressgeprägten Lebenslage betrachtet. Natürlich wird die Verhaltensstörung nicht rein positiv und nützlich präsentiert, schließlich ist das Hauptziel ein gesundes Leben führen zu können, und auch die überwiegend negativen Folgen, die sich auf die psychische und physische Gesundheit auswirken, werden nicht außen vorgelassen. Dass das bulimische Verhalten jedoch bekämpft wird, indem man nicht direkten Einfluss auf es nimmt und es teilweise aus positiveren Blickwinkeln betrachtet, um Betroffenen zur Selbstwertschätzung und zufriedener, gesünderen Lebensweise zu verhelfen, fand ich interessant.

13

7 Literaturverzeichnis

Bubolz, George: Kursthemen Erziehungswissenschaft – Entwicklung, Sozialisation und Identität 4; 1. Aufl., Cornelsen Verlag; Berlin 2000

Gröne, Margret: Wie lasse ich meine Bulimie verhungern? Ein systemischer Ansatz zur Beschreibung und Behandlungder Bulimie; 4. Aufl., Carl-Auer Verlag; Heidelberg 2007

Schweitzer, Jochen/ von Schlippe, Arist: Lehrbuch der systemischen Therapie und Beratung 1; 10. Aufl, Vandenhoeck & Ruprecht GmbH & Co. KG, Göttingen 2007

Schweitzer, Jochen/ von Schlippe, Arist: Lehrbuch der systemischen Therapie und Beratung 2; 2, Aufl, Vandenhoeck & Ruprecht GmbH & Co. KG, Göttingen 2007